Emil   Weyr

Über die Geometrie der alten Ägypter

Emil   Weyr

Über die Geometrie der alten Ägypter

ISBN/EAN: 9783337199067

Hergestellt in Europa, USA, Kanada, Australien, Japan

Cover: Foto ©berggeist007 / pixelio.de

Weitere Bücher finden Sie auf **www.hansebooks.com**

Möge mir gestattet sein, bei dem heutigen feierlichen Anlasse ein Bild zu entrollen, welches in grossen Strichen die allgemeinen Umrisse des Zustandes der geometrischen Wissenschaften bei den alten Aegyptern zur Darstellung bringen soll; und möge dasselbe Wohlwollen, das, gepaart mit einer althergebrachten Sitte, mich heute auf diesen eben so ehrenvollen als schwierigen Platz gestellt, auch bei der Beurtheilung der folgenden bescheidenen, weil schwachen Kräften entspringenden Leistung obwalten!

So wie der Anfang aller menschlichen Kenntnisse, so ist auch der Ursprung der Geometrie in grauestes Alterthum zu versetzen, er ist zu suchen in jenen der Zeit nach unangebbaren Perioden der menschlichen Entwicklung, in welchen das erste Erwachen des Selbstbewusstseins zu finden wäre. Sind doch manche geometrische Anschauungen auch dem Thiere eigen; so jene der geraden Verbindungslinie zweier Punkte als der kürzesten Entfernung; jene des Mehr und Weniger bei Quantitäten der Entfernungen, Höhen, Neigungen, und so werden auch manche abstractere Raumanschauungen dem Menschen in seinen ersten Entwicklungsperioden eigen geworden sein, Anschauungen, welche durch die Möglichkeit und auf Grund der sprachlichen Bezeichnung jene Stabilität erhielten, die sie befähigte, als erste Fundamente der geometrischen Kenntnisse zunächst, und der Geometrie als

Wissenschaft später aufzutreten.

Geometrisches Denken entstand zu den verschiedensten Zeiten, an den verschiedensten Orten. Denn überall, wo der menschliche Geist sich zu entwickeln begann, und das menschliche Denken jene Höhe erreichte, auf welcher Abstractionen entstehen, bildeten sich die grundlegenden Raumbegriffe; der des Punktes, der geraden und krummen Linien, der ebenen und krummen Flächen. Denn überall in der Natur boten sich dem erwachenden Menschen Repräsentanten dieser Begriffe in grösserer oder geringerer Genauigkeit dar. Während der Anblick der auf- und untergehenden Sonne, sowie des vollen Mondes in südlichen Gegenden fast täglich das Bild der »vollkommensten«, der »schönsten« Linie, der Kreislinie vorführte, stellten sich die zahllosen Sterne des Abends dem Auge als glänzende Punkte dar, welche in ihren mannigfaltigen gegenseitigen Lagenverhältnissen die Phantasie des Menschen bei der, von ihm beliebten Eintheilung des Himmels in Sternbilder zur Herstellung so mancher geraden und krummen Linien verleiten mochten. Und selbst in seiner nächsten Umgebung fand der beobachtende Mensch geometrische Anklänge; das Gewebe der Spinne mit seinen kreisrunden und radialen Fäden, die sechseckige Bienenzelle, die beim Fallen eines Körpers in ruhendes Wasser entstehenden concentrischen Wellenringe, und wie vieles Andere musste, wenn auch nach und nach, so doch mit zwingender Nothwendigkeit den Menschen zur Beobachtung gesetzmässiger geometrischer Formen führen.

Als Mutterland der Mathematik im Allgemeinen, und der Geometrie im Besonderen wird Aegypten angeführt; doch ist die Zeit längst vorbei, wo man sich Aegypten als einzigen Ursprungsort dieser Wissenschaften dachte, vielmehr muss als feststehend angenommen werden, dass jedes Volk in [pg 05] seinem Entwicklungsgange geometrische Anschauungen sich anzueignen schon durch praktische Bedürfnisse gezwungen war. Die Höhe, zu welcher sich die einzelnen Völker in ihren mathematischen Speculationen emporzuschwingen vermochten, hing von der Richtung des Bildungsganges, von dem Maasse des Bedürfnisses und nicht in letzter Reihe von dem Einflüsse religiöser Verhältnisse ab.

Und so mag sich zunächst jene Naturgeometrie entwickelt haben, welche allen Völkern zugesprochen werden muss, und auf deren Vorhandensein, weil auf die Anwendungen ihrer freilich einfachsten Principien, Ueberreste von Bauten überall dort hinweisen, wo wir in der Lage sind, solche beobachten zu können. Die Pellasger, die vorhellenischen Ureinwohner Griechenlands, mussten lange vor Entstehung der Philosophie geometrische Kenntnisse in dem Maasse besessen haben, wie sie zur Aufführung von Wasserbauten, Dämmen, Canälen und Burgen, von denen man jetzt noch Spuren findet, nothwendig waren.

Verfolgt man die Entwicklung der Geometrie zu ihren Quellen aufwärts, so dürfen wir nicht überrascht sein, dass man bei dem uns bekannten ältesten Culturvolke, bei den Aegyptern, am weitesten vorzudringen vermag, und zwar an der Hand der indirecten wie der directen Nachrichten, welche uns über diesen Gegenstand zugekommen sind. Leider jedoch sind die Ersteren ihrem Inhalte und die Letzteren ihrer Zahl nach nur spärliche zu nennen.

Zahlreich sind wohl die Stellen in griechischen Philosophen und Geschichtschreibern, welche Bezug haben auf aegyptische Geometrie, es lässt sich jedoch nicht verkennen, dass oft die Späteren auf Frühere sich stützen, und wir es möglicherweise mit einer einzigen, durch Jahrhunderte fortgeführten Nachricht zu thun haben.

[pg 06]
Durch **Herodot**, welcher um die Mitte des fünften vorchristlichen Jahrhunderts (460) Aegypten bereiste, erfahren wir[1], dass die Geometrie von Aegypten nach Griechenland verpflanzt worden sei. Etwas später (393 v. Chr.) berichtet **Isokrates** die Thatsache[2], dass die Aegypter »die Aelteren (unter ihren Priestern) über die wichtigsten Angelegenheiten setzten, dagegen die Jüngeren beredeten, mit Hintansetzung des Vergnügens, sich mit Astronomie, Rechenkunst und Geometrie zu beschäftigen«.

In **Platon**'s *Phädrus* sagt **Sokrates**: »Ich habe vernommen, zu Naukratis in Aegypten sei einer der dortigen alten Götter gewesen, dem auch der Vogel geheiligt ist, den sie Isis nennen, während der Gott selbst den Namen Teuth führt; dieser habe zuerst Zahlenlehre und Rechenkunst erfunden und Geometrie und Astronomie«[3], und einen directen Hinweis finden wir bei **Aristoteles**, welcher in seiner *Metaphysik* sagt:[4] »Daher entstanden auch in Aegypten die mathematischen Wissenschaften, denn hier war den Priestern die dazu nöthige Müsse vergönnt.«

Uebrigens schrieben sich die Aegypter neben der Erfindung der Buchstabenschrift auch jene der meisten Wissenschaften und Künste zu, worüber **Diodor**[5], welcher etwa 70 Jahre v. Chr. G. Aegypten bereiste, bemerkt: »Die Aegypter behaupten, von ihnen sei die Erfindung der Buchstabenschrift und die Beobachtung der Gestirne ausgegangen, ebenso seien von ihnen die Theoreme der Geometrie und die meisten Wissenschaften und Künste erfunden worden.«

Neben diesen ganz allgemein gehaltenen Angaben sind hauptsächlich diejenigen Berichte zu erwähnen, welche sich auf die Art der wissenschaftlichen Leistungen der Aegypter beziehen.

[pg 07]

Da sagt zunächst **Herodot**[6] in Hinsicht auf die unter dem Könige **Sesostris** durchgeführte Ländereintheilung: »Auch sagten sie, dass dieser König das Land unter alle Aegypter so vertheilt habe, dass er jedem ein gleich grosses Viereck gegeben, und von diesem seine Einkünfte bezogen habe, indem er eine jährlich zu entrichtende Steuer auflegte. Wem aber der Fluss (Nil) von seinem Theile etwas wegriss, der musste zu ihm kommen und das Geschehene anzeigen; er schickte dann die Aufseher, die auszumessen hatten, um wie viel das Landstück kleiner geworden war, damit der Inhaber von dem übrigen nach Verhältniss der aufgelegten Abgaben steure. Hieraus erscheint mir die Geometrie entstanden zu sein, die von da nach Hellas kam.«

Die, **Herodot**, dem Vater der Geschichtsschreibung folgenden Berichterstatter hielten sich nun, vielleicht erklärlicherweise, vorzüglich an den einen, die Nilüberschwemmungen betreffenden Theil obiger Nachricht, und wurde, gewiss Unberechtigtermassen der Nil als der unmittelbare Anstoss für alle geometrischen Arbeiten der Aegypter hingestellt. Und doch scheint es uns viel näherliegend, die einerseits behufs der Steuerbemessung und Controle, anderseits wegen der aus den Veränderungen im Besitzstande sich nothwendig ergebenden Flächenfestsetzungen als den Hauptbeweggrund jener Vermessungen zu erkennen, wobei die gesammelten Erfahrungen gewiss auch bei der Beurtheilung der unzweifelhaft nach den periodisch eintretenden Nilüberschwemmungen vorgekommenen Terrainveränderungen mit Vortheil benutzt worden sein mögen.

Unverkennbar ist der Zug nach Aufbauschung und

8

Ausschmückung des, jene Nilüberschwemmungen betreffenden Theiles des **Herodot**'schen Berichtes, wenn man die Aufzeichnungen späterer Gewährsmänner näher betrachtet.

[pg 08]
Zunächst finden wir bei **Heron** dem Aelteren die folgende diesbezügliche Stelle[7]: »Die früheste Geometrie beschäftigte sich, wie uns die alte Ueberlieferung lehrt, mit der Messung und Vertheilung der Ländereien, woher sie Feldmessung genannt wurde. Der Gedanke einer Messung nämlich ward den Aegyptern an die Hand gegeben durch die Ueberschwemmungen des Nil. Denn viele Grundstücke, die vor der Flussschwelle offen dalagen, verschwanden beim Steigen des Flusses und kamen erst nach dem Sinken desselben zum Vorschein, und es war nicht immer möglich, über die Identität derselben zu entscheiden. Dadurch kamen die Aegypter auf den Gedanken einer solchen Messung des vom Nil blossgelegten Landes.«

Weiter finden wir bei **Diodor**[8] einen Ausspruch, durch welchen wir übrigens auch über andere wissenschaftliche Leistungen der Aegypter belehrt werden; **Diodor** sagt: »Die Priester lehren ihre Söhne zweierlei Schrift, die sogenannte heilige, und die, welche man gewöhnlich lernt. Mit Geometrie und Arithmetik beschäftigen sie sich eifrig. Denn indem der Fluss jährlich das Land vielfach verändert, veranlasst er viele und mannigfache Streitigkeiten über die Grenzen zwischen den Nachbarn; diese können nun nicht leicht ausgeglichen werden, wenn nicht ein Geometer den wahren Sachverhalt durch directe Messung ermittelt. Die Arithmetik dient ihnen in Haushaltungsangelegenheiten und bei den Lehrsätzen der Geometrie; auch ist sie denen von nicht geringem Vortheile, die sich mit Sternkunde beschäftigen. Denn wenn bei irgend einem Volke die

9

Stellungen und Bewegungen der Gestirne sorgfältig beobachtet worden sind, so ist es bei den Aegyptern geschehen; sie verwahren Aufzeichnungen der einzelnen Beobachtungen seit einer unglaublich langen Beihe von Jahren, da bei ihnen seit alten Zeiten her die grösste Sorgfalt hierauf verwendet worden [pg 09] ist. Die Bewegungen und Umlaufszeiten sowie die Stillstände der Planeten, auch den Einfluss eines jeden auf die Entstehung lebender Wesen und alle ihre guten und schädlichen Einwirkungen haben sie sehr sorgfältig beobachtet.«

Am innigsten verknüpft erscheint die Geometrie der Aegypter mit den Ueberschwemmungen des Nil bei **Strabon**[2]; welcher bemerkt, »dass es einer sorgfältigen und bis auf das Genaueste gehenden Eintheilung bedurfte, wegen der beständigen Verwüstung der Grenzen, die der Nil bei seinen Ueberschwemmungen veranlasst, indem er Land wegnimmt und zusetzt, und die Gestalt verändert, und die anderen Zeichen unkenntlich macht, wodurch das fremde und eigene Besitzthum unterschieden wird. Man müsse daher immer und immer wieder messen. Hieraus soll die Geometrie entstanden sein.«

Den gesellschaftlichen Einrichtungen der Aegypter entsprechend, muss als feststehend angenommen werden, dass sich eine Kaste, nach eben Gehörtem die der Priester, mit dem wissenschaftlichen Theile der Geometrie beschäftigte, während eine andere, die der Feldmesser, die von den Ersteren aufgestellten und sorgsam gehüteten geometrischen Principien praktisch zur Anwendung brachte. Dabei wurden, wie wir später sehen werden, die Geheimnisse der `Priester, insoweit sie geometrische Wahrheiten und Berechnungsregeln betrafen, möglicherweise nur insoweit enthüllt, dass bei deren Verwendung nur annäherungsweise richtige Resultate zum

Vorschein kamen.

Wohl sind einige Schriftsteller so weit gegangen, dass sie, die unläugbaren Uebertreibungen des Zusammenhanges zwischen den Nilüberschwemmungen und der ägyptischen Geometrie im Auge behaltend, die Existenz der letzteren [pg 10] einfach negirten, und alle die citirten Aussprüche in das Gebiet der Fabel verwiesen.

Was macht man jedoch dann mit den wohlbeglaubigten Nachrichten über die Reisen, welche hervorragende griechische Philosophen nach Aegypten unternahmen, oft jahrelang dort verweilend, um sich in die Geheimnisse aegyptischer Priester einweihen und mit deren geometrischem Wissen vertraut machen zu lassen?

Eudemus von Rhodos[10], einer der ältesten Peripatetiker, schrieb eine Geschichte der Mathematik, aus welcher uns durch **Proklos Diadochus**[11], einen Philosophen des fünften nachchristlichen Jahrhunderts, ein Bruchstück erhalten ist, welches sozusagen das einzige Mittel bildet, das uns einen Einblick in die geometrischen Errungenschaften der Griechen in den ersten dritthalb Jahrhunderten nach **Thales** gewährt. Hierin heisst es unter Anderem: »**Thales**, der nach Aegypten ging, brachte zuerst die Geometrie nach Hellas hinüber und Vieles entdeckte er selbst, von Vielem aber überlieferte er die Anfänge seinen Nachfolgern; das Eine machte er allgemeiner, das Andere mehr sinnlich fassbar.« Hundert Jahre nach dem Tode des **Pythagoras** berichtet der Redner **Isokrates**[12]: »Man könnte, wenn man nicht eilen wollte, viel Bewunderungswürdiges von der Heiligkeit aegyptischer Priester anführen, welche ich weder allein noch zuerst erkannt habe, sondern viele der jetzt Lebenden und der Früheren, unter denen auch **Pythagoras** der Samier ist, der nach Aegypten kam und ihr Schüler wurde und die fremde Philosophie zuerst zu den Griechen verpflanzte.«

Während der Aufenthalt des **Pythagoras** in Aegypten unter Anderen auch noch von **Strabon**[13] und **Antiphon**[14] bestätiget wird, nennt uns **Diodor**[15] eine ganze Reihe von [pg 011] Namen, indem er sagt;»Die aegyptischen Priester nennen unter den Fremden, welche nach den Verzeichnissen in den heiligen Büchern vormals zu ihnen gekommen seien, den **Orpheus**, **Musaios**, **Melampus** und **Daidalos**, nach diesen den Dichter **Homer**, den Spartaner **Lykurgos**, ingleichen den Athener **Solon** und den Philosophen **Platon**. Gekommen sei zu ihnen auch der Samier **Pythagoras** und der Mathematiker **Eudoxos**, ingleichen **Demokritos von Abdera** und **Oinopides von Chios**. Von allen diesen weisen sie noch Spuren auf, von den Einen Bildnisse von den Anderen Orte und Gebäude, die nach ihnen benannt sind. Aus der Vergleichung dessen, was jeder von ihnen in seinem Fache geleistet hat, führen sie den Beweis, dass sie Dasjenige um desswillen sie von den Hellenen bewundert werden, aus Aegypten entlehnt haben.« Aus diesen Stellen geht mit Sicherheit hervor, dass viele Griechen nach Aegypten zogen, um bei den dortigen Priestern Philosophie und Mathematik kennen zu lernen, da wohl in den Berichten nur die hervorragenden Männer angeführt wurden.

Der Milesier **Thales**, welcher erst in vorgerücktem Alter, und nachdem er als Handelsmann früher gewiss schon mehrmals Aegypten besucht gehabt, sich daselbst behufs seiner Studien zu längerem Aufenthalt niederlies, ist merkwürdiger Weise in dem Berichte des Diodor nicht angeführt, und könnte man wohl aus diesem Umstande umsomehr einen gewissen Grad von Unglaublichkeit ableiten, als darin mythische Namen wie **Orpheus**, **Daidalos** und **Homer** angeführt erscheinen. Diese letzteren konnten jedoch sehr wohl dem im Ganzen und Grossen sonst richtigen Verzeichnisse vom Berichterstatter eigenwillig beigefügt worden sein, um dadurch das hohe Alter aegyptischer Wissenschaft in ein vorteilhaftes Licht zu setzen.

[pg 12]
Abgesehen jedoch von aller Wahrscheinlichkeit oder Unwahrscheinlichkeit für die Exactheit obiger Aussprüche in Bezug auf einzelne Namen, dürfte jedenfalls das als unumstössliche Wahrheit gelten, dass die ägyptischen Priester von den Griechen als in den Wissenschaften, insbesondere in der Geometrie sehr bewandert gehalten wurden, und zwar in einem solchen Maasse, dass eine Reihe hervorragender griechischer Philosophen es nicht verschmähte, die, für damalige Verhältnisse nicht unbedeutende Reise nach Aegypten zu unternehmen, ja oft jahrelang in diesem Lande mit unbekannter Sprache und Schrift zu verweilen, um sich die Kenntnisse der Aegypter anzueignen.

Stellt man nun zunächst die Frage nach Quantität und Qualität des geometrischen Wissens, welches die Griechen von ihren Studienreisen mit nach Hause brachten, so scheint dies, selbst vom Standpunkte der unmittelbar nachpythagoräischen Geometrie, äusserst Weniges gewesen zu sein.

Thales von Milet, einer der sieben griechischen Weltweisen, der Begründer der ionischen Schule, **Thales**, welcher für das Jahr 585 v. Chr. G. eine, auch eingetroffene Sonnenfinsterniss vorherzusagen wusste, soll, den uns von **Proklos** zugekommenen Berichten zufolge, in Aegypten nicht viel mehr erfahren haben, als die Sätze über die Gleichheit der Winkel an der Basis eines gleichschenkligen Dreieckes, die Gleichheit der Scheitelwinkel am Durchschnitt zweier Geraden; er wusste ferner, wie ein Dreieck durch eine Seite und die beiden anliegenden Winkel bestimmt erscheint, diese Erörterung zur Messung der Entfernungen von

Schiffen auf dem Meere benützend, es war ihm bekannt, dass ein Kreis durch einen Durchmesser halbirt wird,[16] und soll er die Höhe der Pyramiden aus der Länge des Schattens gemessen haben, höchst wahrscheinlich in dem Momente, wo die [pg 13] Schattenlänge eines senkrechten Stabes der Stablänge gleich ist,[17] möglicherweise jedoch, wie **Plutarch**[18] berichtet, auch zu einer beliebigen Tageszeit. Auch wird ihm von **Pamphile**[19] die Kenntniss des Satzes zugeschrieben, dass der Peripheriewinkel im Halbkreise ein rechter sei. Gewiss hat Thales wenigstens jene geometrischen Fundamente in Aegypten kennen gelernt, welche es ihm ermöglichten, die genannten Sätze als wahr zu erkennen, wenn auch bei ihm, selbst bei diesen einfachen Dingen an einen strengen Beweis nicht gedacht werden kann.

Es wäre jedoch voreilig, aus der Geringfügigkeit der Thaletischen geometrischen Kenntnisse mit **Montucla**[20] zu schliessen, dass auch die Aegypter nicht viel mehr gewusst hätten. Man kann wohl annehmen, dass die aegyptischen Priester bei ihrer den Fremden gegenüber beobachteten Zurückhaltung nur einen Theil ihres Wissens offenbarten; wer könnte jedoch bemessen, in welchem Verhältnisse dieser Theil zu ihrem Gesammtwissen stand? Der Ansicht **Montucla**'s kann man entgegensetzen, dass die Aegypter den Fremden nur einen kleinen Bruchtheil ihres sorgsam im Verborgenen gehüteten Wissens preisgegeben haben mochten, wobei ferner nicht unberücksichtigt bleiben darf, dass den nach Aegypten gekommenen Griechen auch die Unkenntniss der Sprache und der Schrift weitere, nicht zu unterschätzende Schwierigkeiten bereitete, in dem Maasse als vielleicht Manches, was ihnen die aegyptischen Priester von aegyptischem Wissen zur Verfügung stellten, unverstanden bleiben konnte.

Was nun das Wesen aegyptischer Geometrie betrifft, so

finden wir in den Berichten der Alten fast gar keine Anhaltspunkte, um uns hierüber Klarheit verschaffen zu können, und war man bis vor Kurzem darauf hingewiesen, aus den [pg 14] Anfängen griechischer Mathematik auf den Stand der aegyptischen zurückzuschliessen, was, wie aus dem Vorhergesagten folgen dürfte, mit nicht geringen Schwierigkeiten verbunden erscheint.

Die Ansicht, dass die Geometrie der Aegypter eigentlich nur constructiver Natur war, ähnlich dem was wir als Reisskunst zu bezeichnen pflegen,[21] dürfte sich nicht als stichhältig erweisen; es möge jedoch gleich jetzt darauf hingedeutet werden, dass die Aegypter im Construiren geometrischer Formen nicht unbewandert sein konnten.

So sagt in etwas prahlerischer Weise **Demokritos** von **Abdera**[22] um 420 v. Chr. G.: »Im Construiren von Linien nach Maassgabe der aus den Voraussetzungen zu ziehenden Schlüsse hat mich keiner je übertroffen, selbst nicht die sogenannten Harpedonapten der Aegypter«; und **Theon** von **Smyrna**[23] erzählt, dass »Babylonier, Chaldäer und Aegypter eifrig nach allerhand Grundgesetzen und Hypothesen suchten, durch welche den Erscheinungen genügt werden könnte; zu erreichen suchten sie dies dadurch, dass sie das früher Gefundene in Ueberlegung zogen, und über die zukünftigen Erscheinungen Vermuthungen aufstellten, wobei die Einen sich arithmetischer Methoden bedienten, wie die Chaldäer, die Anderen construirender wie die Aegypter«.

Aus diesen und ähnlichen Berichten, sowie aus dem Umstande, dass die Anfänge der griechischen Geometrie selbst hauptsächlich constructiver Natur waren, muss man zu dem Schlusse kommen, dass die alten Aegypter seit unvordenklichen Zeiten die Reisskunst pflegten, und in der langen Reihe der Jahrhunderte sicherlich eine ziemlich bedeutende Masse sowohl einfacher als complicirterer Constructionen erfanden und in ein gewisses System brachten, von Ersteren [pg 15] zu Letzteren aufsteigend. Diese Constructionen dürften ihrem grösseren Theile nach, und zwar jenem Theile nach, welcher, wenn auch ohne Begründung Gemeingut der die Künste und Gewerbe betreibenden Kasten wurde, nur solche gewesen sein, die dem praktischen Bedürfnisse dienen konnten, also zumeist Ornamentenconstructionen. Wir bemerken hier unter Anderem das Vorkommen regelmässiger geometrischer Figuren auf uralten Wandgemälden, wie sie sich z. B. als färbige Zeichnungen aus den Zeiten der fünften Dynastie, also unmittelbar nach den Erbauern der Pyramiden, das ist 3400 Jahre v. Chr. G. etwa vorfinden.[24]

Man sieht unter der grossen Menge der in dieser Zeit vorkommenden Figuren eine, aus verschobenen, ineinander gezeichneten, theilweise durch zu einer Diagonale Parallele zerlegten Quadraten zusammengesetzte Figur, ferner aus der Zeit von der zwölften bis zur sechsundzwanzigsten Dynastie, eine Figur, bestehend aus einem Quadrate, und zwei, längs der Diagonale centrisch hineingelegten lemniscatischen Curven, sowie eine Zusammenstellung von um fünfundvierzig Grade gegeneinander verdrehten, sich durchsetzenden Quadraten. Kreise erscheinen durch ihre Durchmesser in gleiche Kreisausschnitte getheilt; so zunächst durch zwei oder vier Durchmesser in vier beziehungsweise acht, und in späteren Zeiten auch durch sechs Durchmesser in zwölf gleiche Ausschnitte; die in den Zeichnungen vorkommenden Wagenräder besitzen zumeist sechs, seltener vier Speichen, so dass auch die Theilung des Kreises durch drei Diameter in sechs gleiche Kreisausschnitte vertreten erscheint.

In einer unvollendet gebliebenen Kammer des Grabes **Seti I.**, des Vater **Ramses II.** aus der neunzehnten Dynastie (das sogenannte Grab **Belzoni**)[25] finden wir die Wände behufs Anbringung von Reliefarbeiten mit einem Netze gleich [pg 16] grosser Quadrate bedeckt, und es kann keinem Zweifel unterliegen, dass wir es hier mit der Anwendung eines Verkleinerungs- beziehungsweise Vergrösserungsmaassstabes zu thun haben.

Wenn nun auch die einfachen Figuren des Dreieckes, Quadrates und des Kreises höchst wahrscheinlich ohne besondere Ueberlegung, einfach dem inneren geometrischen Formendrange entsprungen sein dürften, so ist doch gewiss, dass ihre verschiedenartige Zusammensetzung zu Mustern das Product, wenn auch primitiven geometrischen Denkens war, welches dann schon eine ziemliche Selbstständigkeit erreicht haben musste, als die vorerwähnte Anwendung von Proportionalmaassstäben in Uebung kam.

Andererseits musste das öftere Betrachten der regelmässigen Figuren einen geometrisch disponirten Geist von selbst zum Aufsuchen unbekannter Eigenschaften derselben reizen, und vielleicht ist der Thaletische Satz von der Halbirung des Kreises durch einen Durchmesser nichts als eine aus der Betrachtung jener aegyptischen Zeichnungen gewonnene Abstraction, und huldigen wir in dieser Beziehung der Ansicht, dass **Thales** beim Ausspruche des erwähnten, für uns freilich höchst einfach klingenden Satzes, wahrscheinlich sagen wollte, nur der Kreis habe die ausgezeichnete Eigenschaft, von allen durch einen Punkt, den Mittelpunkt, gehenden Geraden in lauter untereinander gleiche Hälften getheilt zu werden.

Von besonderer Wichtigkeit scheint uns jedoch der früher citirte selbstgefällige Ausspruch des **Demokritos** zu sein, da er uns vor einer ungerechtfertigten Unterschätzung aegyptischer Constructionsgewandtheit bewahren kann.

Bedenklich in **Demokritos**' Angabe könnte allenfalls jenes Selbstlob erscheinen, das er sich spendet; wenn es nun [pg 17] wohl auch schon im Alterthume Männer geben mochte, die ihre Berühmtheit vorzugsweise und oft nur der Hochschätzung verdankten, die sie sich selbst und ihren Werken gezollt, Männer, welche in der Verbreitung des eigenen Lobes so emsig, so unermüdlich waren, dass sich um sie als die davon Ueberzeugtesten noch ein Kreis von Gläubigen bildete, welche den, oft nur auf schwankenden Füssen einhergehenden Ruhm ihrer Profeten weiter führten, so ist doch die Bedeudung des Geometers **Demokritos** durch so viele, und verschiedenen Quellen entspringende Aussprüche beglaubigt, dass es gewiss Niemandem einfallen wird, seine Autorität als die eines gründlichen Kenners der Geometrie seiner Zeit in Zweifel zu ziehen. Wohl sind uns von den geometrischen Werken des **Demokritos**, und kaum von allen nur die ganz allgemein klingenden Titel erhalten.

Während uns **Cicero**[26] diesen Philosophen als einen gelehrten, in der Geometrie vollkommen bewanderten Mann anpreist, theilt uns **Diogenes Laertius**[27] mit, dass **Demokritos** »über Geometrie«, »über Zahlen«, »über den Unterschied des Gnomon oder über die Berührung des Kreises und der Kugel«, sowie zwei Bücher »über irrationale Linien und die dichten Dinge« geschrieben habe, Schriften, deren Titel theilweise uns über ihren Inhalt ganz im Unklaren lassen. Legen wir den angeführten Zeugnissen Glauben bei, und es ist kein Grund vorhanden dies nicht zu thuh, so müssen wir von **Demokritos** als von einem »in der Geometrie vollkommenen Manne« voraussetzen, dass er mit den Errungenschaften des **Pythagoras**, welcher ein Jahrhundert vor **Demokritos** Aegypten besucht hatte, vollkommen vertraut war. Gewiss war ihm somit bekannt: die Methode der »Anlegung der Flächen«, welche wieder die Vertrautheit mit den Hauptsätzen aus der Theorie der

Parallelen und der [pg 18] Winkel, so wie die Kenntniss der Abhängigkeit der Flächeninhalte von den ihnen zukommenden Ausmaassen voraussetzt. Nicht minder bekannt mussten ihm die, dem **Pythagoras** zugeschriebenen Constructionen der fünf regelmässigen, sogenannten kosmischen Körper sein, woraus sich weiter schliessen lässt, dass auch einerseits die Eigenschaften der Kugel, welcher doch jene Körper eingeschrieben wurden, und anderseits die Entstehungen der regelmässigen, jene Körper begrenzenden Vielecke, vor Allem die des Fünfeckes dem **Demokritos** nicht ungeläufig sein konnten. Die Construction des Letzteren erheischt wiederum die Kenntniss der Lehre vom goldenen Schnitt, und diese den Satz vom Quadrate der Hypothenuse[28]. Hat nun **Demokritos** auch selbst nichts Neues hinzugefügt, so musste er doch Jenes kennen; wenn er nun anderseits sagt: »im Construiren hätte ihn Niemand, selbst nicht die Harpedonapten der Aegypter übertroffen«, so dürfen wir hieraus mit Sicherheit schliessen, dass die geometrischen Kenntnisse der aegyptischen Priester bedeutend genug gewesen sein mussten, weil sich **Demokritos** sonst kaum gerade über diese Geometer gesetzt hätte.

Doch verlassen wir für jetzt die Nachrichten des griechischen Alterthums, welche in der Beurtheilung aegyptischer Geometrie nur Conjecturen zulassen, und blicken wir nach directen Denkmalen aegyptischen Ursprungs, aus denen vielleicht Schlüsse gezogen werden könnten auf Wesen und Umfang aegyptischer Geometrie.

Das Britische Museum bewahrt eine Papyrusrolle, welche aus dem Nachlasse des Engländers **A. Henry Rhind** stammt, die derselbe nebst anderen werthvollen Rollen in Aegypten käuflich an sich gebracht haben dürfte. Der erwähnte Papyrus, ein altes Denkmal ägyptischer

Mathematik, ist, wie es scheint, nicht mit vollster Berechtigung als ein [pg 19] »mathematisches Handbuch« der alten Aegypter bezeichnet worden[29]. Der fragliche Papyrus nennt sich selbst eine Nachahmung älterer mathematischer Schriften, denn es heisst in der Einleitung: »Verfasst wurde diese Schrift im Jahre dreiunddreissig im vierten Monat der Wasserzeit unter König Ra-ā-us, Leben gebend nach dem Muster alter Schriften in den Zeiten des Königs ...ât vom Schreiber Aahmes verfasst die Schrift.«

Nachdem zuerst Dr. **Birch**[30] auf diesen mathematischen Papyrus durch einen kurzen vorläufigen Bericht aufmerksam gemacht hatte, wurde der Gegenstand von dem ausgezeichneten Heidelberger Aegyptologen Dr. **Eisenlohr** einer eingehenden, höchst schwierigen und zeitraubenden Untersuchung unterzogen, deren Resultate, was die Uebersetzung betrifft, unseren gegenwärtigen Betrachtungen zu Grunde liegen. Bezüglich des Alters des Papyrus hat man jenes der vorhandenen Abschrift von dem Alter des unbekannten Originals zu unterscheiden. Nach der von **Eisenlohr** gegebenen Vervollständigung der in der erwähnten Einleitung auf das Wort König folgenden Lücke, würde der Herrscher, unter dessen Regierung das Original entstanden ist, der König **Ra-en-mat** sein, dessen Regierungszeit **Lepsius**[31] auf 2221–2179 v. Chr. G. legt. Da ferner der Name **Ra-a-us** in den bis dahin vorhandenen Königslisten nicht vorkommt, sah man sich, um die Zeit der Entstehung der Abschrift wenigstens annähernd angeben zu können, darauf angewiesen, aus der bekannten Sitte der Aegypter die Eigennamen der eben herrschenden oder der unmittelbar vorhergegangenen Regenten zu gebrauchen, Schlüsse zu ziehen. Und da liess der Name **Aahmes** des Schreibers, sowie auch die (althieratische) Schrift des Papyrus vermuthen, dass derselbe um 1700 v. Chr. G. entstanden sein dürfte. Die Vermuthung [pg 20] in Bezug auf das Zeitalter der Abschrift hat sich nun neueren Forschungen zu Folge vollkommen bestätigt. Denn **Ra-a-us** wurde als der Hyksoskönig **Apophis** erkannt, und **Aahmes** dürfte seinen Namen von dem, kurze Zeit dem Apophis vorhergegangenen Könige **Amasis** entlehnt haben.

Es erscheint so vollkommen sichergestellt, dass unser Papyrus aus dem achtzehnten Jahrhundert v. Chr. G. stammt. Die Eingangsworte des Papyrus, welche lauten: »Vorschrift zu gelangen zur Kenntniss aller dunklen Dinge, aller Geheimnisse, welche enthalten sind in den Gegenständen«, sowie die Anordnung des Stoffes in Arithmetik, Planimetrie und Stereometrie, an welche sich ein, verschiedene Beispiele enthaltender Theil anschliesst, konnten im ersten Augenblicke den Gedanken aufkommen lassen, dass wir es vielleicht mit einem Lehrbuche der Mathematik zu thun haben. Der Umstand jedoch, dass der Papyrus nur die Zusammenstellung, allerdings eine in gewissem Grade systematische Zusammenstellung von Aufgaben nebst ihren Lösungen und den zugehörigen Proben ist, ohne dass Definitionen oder Lehrsätze und Beweise vorkommen würden, liess den Papyrus wiederum als eine Aufgabensammlung, als ein Anleitungsbuch für Praktiker erscheinen. Man ist noch weiter gegangen, und stellte die Ansicht auf, der Autor habe bei Abfassung dieser Schrift vorzüglich an Landleute, welchen die Theorie unzugänglich war, gedacht. Daraufhin weise nicht nur die Formulirung des grössten Theiles der Aufgaben, welche Verhältnisse und Bedürfnisse der Landwirthschaft berücksichtigen, sondern auch der Schlusssatz des Papyrus, welcher sagt: »Fange das Ungeziefer und die Mäuse, (vertilge) das verschiedenartige Unkraut, bitte Gott **Ra** um Wärme, Wind und hohes Wasser«.

[pg 21]

Dass wir es nicht mit einem Handbuche, welches dem damaligen Standpunkte der mathematischen Wissenschaften in Aegypten entsprechen müsste, zu thun haben, ergibt sich nicht nur aus dem schon hervorgehobenen Mangel an Definitionen, Lehrsätzen und Beweisen, ja es fehlt selbst jede Erklärung, sondern auch aus dem Umstände, dass neben der richtigen Lösung einzelner Aufgaben die unrichtigen oder unvollendeten Lösungen derselben oder ähnlicher Aufgaben, sowie manche Wiederholungen vorkommen. Nur nebenbei verweisen wir darauf, dass in einem Handbuche unzweifelhaft wenigstens Anklänge an die erste der Wissenschaften des Alterthums, an die Astronomie, zu finden sein müssten. Doch ist von diesem Theile der Mathematik im Papyrus nicht die geringste Spur zu finden. Aufklärungen über den wahren Charakter des Originals unseres Papyrus, und eine viele Wahrscheinlichkeit besitzende Vermuthung über die Entstehung der uns beschäftigenden Abschrift, verdanken wir dem Scharfsinne des französischen Aegyptologen Eugène **Revillout**.[32]

Bei richtiger Erwägung des Umstandes, dass oft auf ein fehlerlos gelöstes Beispiel, falsche Lösungen ähnlicher Beispiele folgen, welchen sich dann gewöhnlich eine Reihe von Uebungsrechnungen anschliesst, Rechnungen die einem Schulpensum in hohem Grade ähnlich sehen, bei Betrachtung der Thatsache ferner, wie ein und dasselbe Zahlenbeispiel oft einigemal und zwar so behandelt wird, dass der Reihe nach die vorkommenden Zahlenwerthe als die berechneten Resultate erscheinen, drängt sich uns mit **Eugène Revillout** die Ueberzeugung auf, dass wir es mit dem Uebungs- oder Aufgabenhefte eines Zöglings jener Unterrichtshäuser (a·sbo) zu thun haben, wie deren in so manchem Papyrus Erwähnung geschieht, und in denen die Schüler, welche später Landwirthe, Verwalter, Feldmesser oder Constructeure werden [pg 22] wollten, mit den für ihre künftige Laufbahn notwendigen Rechnungsoperationen vertraut gemacht wurden. Da dieses Schulheft selbstverständlich nicht für die Oeffentlichkeit bestimmt sein konnte, so trägt es auch thatsächlich keinen Autornamen und keine Jahresangabe; denn, was die in der Einleitung bezüglich der Zeitperiode, in welcher das Original entstanden sein sollte, gemachte Erwähnung betrifft, so ist mehr als wahrscheinlich, dass dieselbe von dem Abschreiber **Aahmes** herrührt, welcher das Original einige Jahrhunderte nach seiner Entstehung auffand, und dasselbe, der Mathematik gewiss ganz unkundig, sammt allen Fehlern abschrieb, zu diesen noch neue hinzufügend. Nachdem **Aahmes** aus der Aehnlichkeit der Schriftart des mathematischen Heftes mit der Schrift anderer ihm bekannten Papyri auf das Alter des ersteren einen im Ganzen und Grossen nicht unrichtigen Schluss gezogen haben mochte, so können wir das Ende, vielleicht auch die Mitte des dritten Jahrtausends v. Chr. G. als jene Zeit betrachten, in welcher das Original der Abschrift entstanden sein dürfte. Ob **Aahmes** die Abschrift mit der viel versprechenden Einleitung und der zugleich praktischen und gottesfürchtigen Schlussregel in der Absicht versehen hatte, um sie an irgend einen einfachen aegyptischen Landmann um gutes Geld anzubringen, lassen wir dahingestellt, und wiederholen nur unsere Uebereinstimmung mit der Ansicht, dass das Original des Papyrus neben den von einem Lehrer der Mathematik herrührenden Musterbeispielen, die sehr oft verunglückten Uebungen eines Schülers enthält, eines Schülers überdies, der nicht zu den hervorragenden seiner Glasse gehört haben mochte. Und wie kostbar ist dennoch dieses altägyptische Schulheft! Wenn wir in aller Eile eine Skizze seines Inhaltes vorführen sollen, so müssen wir zunächst die sich auf acht Columnen der oben [pg 23] erwähnten Einleitung anschliessende Theilung der Zahl 2 durch die Zahlen von 3 bis 99 erwähnen; jeder auftretende Bruch erscheint in zwei bis vier sogenannte Stammbrüche, Brüche mit dem Zähler Eins, zerlegt, und sind die Nenner der letzteren meist gerade Zahlen mit einer grösseren Divisorenanzahl. Im Anschluss an diese Tabelle finden wir sechs Beispiele, in denen in Form von Brodvertheilungen die Division der Zahlen 1, 3, 6, 7, 8 und 9 durch die Zahl 10 gelehrt wird, und es folgt hierauf in 17 Beispielen die sogenannte Sequem- oder Ergänzungsrechnung, in welcher es sich darum handelt, Zahlenwerthe zu finden, die mit gegebenen Werthen durch Addition oder Multiplication verbunden, andere gegebene Zahlenwerthe liefern. Die nächsten 15 Beispiele gehören der sogenannten **Haurechnung** an, und finden wir in diesem Abschnitte die Lösungen linearer Gleichungen mit einer Unbekannten. Zwei weitere, der sogenannten **Tunnu-** oder Unterschiedsrechnung angehörige Beispiele belehren uns darüber, dass den alten Aegyptern der Begriff arithmetischer Reihen nicht fremd war. Es folgen nun sieben Beispiele über Volumetrie, ebensoviele über Geometrie und fünf Beispiele über Berechnungen von Pyramiden, also 19 Aufgaben über die wir später noch einige Worte sagen müssen.

Hieran schliessen sich endlich dreiundzwanzig verschiedenen Materien entlehnte, Fragen des bürgerlichen Lebens betreffende Beispiele, wie die Berechnung des Werthes von Schmuckgegenständen, abermals Vertheilungen von Broden oder von Getreide, Bestimmung des auf einen Tag entfallenden Theiles eines Jahresertrages, Berechnungen von Arbeitslöhnen, Nahrungsmitteln sowie des Futters für Geflügelhöfe. Einer besonderen Ankündigung werth erscheinen uns in dieser letzten Abtheilung zwei Beispiele; das eine derselben[33] [pg 24] lässt keinen Zweifel darüber aufkommen, dass den alten Aegyptern die Theorie der arithmetischen Progressionen vollkommen geläufig war, während wir in dem zweiten[34] unter der Aufschrift »eine Leiter« die geometrische Progression von 7 hoch 1 bis 7 hoch 5 nebst deren Summe vorfinden, wobei die einzelnen Potenzen eigene Namen: an, Katze, Maus, Gerste, Maass zu führen scheinen.

Nicht unbemerkt lassen wir endlich die in den Haurechnungen auftretende Benützung mathematischer Zeichen; so nach links oder rechts ausschreitender Beine für Addition und Subtraction, drei horizontale Pfeile für Differenz, sowie endlich ein besonderes, dem unseren nicht unähnliches Gleichheitszeichen.

Aus dem geometrischen Theile heben wir zunächst, der Anordnung des Papyrus nicht folgend, die Flächenberechnungen von Feldern hervor. Die vorkommenden Beispiele beziehen sich auf quadratische, rechteckige, kreisrunde und trapezförmige Felder, deren Flächeninhalte aus ihren Längenmaassen bestimmt werden. Nachdem in den Aufgaben über die Berechnung des Fassungsvermögens von Fruchtspeichern mit quadratischer Grundfläche diese letztere gefunden wird durch Multiplication der Maasszahl der Seite mit sich selbst, kann es gar keinem Zweifel unterliegen, dass auch die Fläche des Rechteckes durch Multiplication der Maasszahlen zweier zusammenstossender Seiten erhalten wurde, da die Erkenntniss der Richtigkeit der einen Bestimmungsart, jene der Richtigkeit der anderen involvirt.

Schon die Betrachtung solcher Proportionalmaassstäbe, wie wir sie im Grabe **Belzoni** bemerken konnten, hätte die alten Aegypter, die mit Gleichungen und arithmetischen Reihen umzugehen wussten, auf die Bestimmung der Fläche eines Rechteckes aus seinen beiden Seitenlängen mit Nothwendigkeit [pg 25] führen müssen, und werden wir uns durch den Umstand, dass im Papyrus der diesbezüglichen Aufgabe eine zu ihr nicht gehörige Lösung

25

beigefügt ist, durchaus nicht beirren lassen.

Von hohem Interesse ist die, an mehreren Stellen des Papyrus vorkommende Methode der Flächenberechnung eines Kreises, welche zeigt, dass die alten Aegypter mit ziemlicher Annäherung den Kreis zu quadriren wussten, in der That zu quadriren, weil sie aus dem Durchmesser eine Länge ableiten, welche als Seite ein Quadrat liefert, dessen Fläche jener des Kreises gleichgesetzt wurde. Da sie acht Neuntel des Durchmessers zur Seite jenes Quadrates machten, so entspricht dies einem Werthe der Ludolphischen Zahl, welcher dem richtigen Werthe gegenüber um nicht ganz zwei Hundertstel (um 0,018901) zu hoch gegriffen erscheint; für das dritte Jahrtausend v. Chr. G. und im Vergleiche zu dem Werth π = 3 der Babylonier, und noch mehr im Vergleiche zu dem Werthe π = 4 späterer römischer Geometer, jedenfalls eine nicht zu unterschätzende Annäherung an den richtigen Werth.

Eine Aufgabe behandelt die Flächenbestimmung des Dreieckes, wobei das Resultat als das Product zweier Seitenlängen gefunden wird. Die hier beigefügte Figur[35], welche in Wirklichkeit ein ungleichseitiges langgestrecktes Dreieck darstellt, kann ebensowohl als die verfehlte Zeichnung eines rechtwinkligen wie auch eines gleichschenkligen Dreieckes betrachtet werden.

Letztere Annahme ist von **Eisenlohr** gemacht und von **Cantor**[36] acceptirt worden. Darnach würde sich die Methode der Dreiecksberechnung der alten Aegypter nur als eine Näherungsmethode darstellen, und ist auch von beiden genannten Gelehrten der begangene, in diesem Falle in der That nicht bedeutende Fehler ermittelt worden.

[pg 26]
Wir sind dagegen mit Revillout anderer Meinung.

Mit Rücksicht auf den von uns klar erkannten Charakter des Originales des Papyrus als eines sehr ungenauen Collegienheftes, dessen Rechnungen ebensosehr wie die vorkommenden Zeichnungen von der Mittelmässigkeit seines Zusammenstellers beredtes Zeugniss ablegen, zweifeln wir keinen Augenblick, dass die fragliche Figur ein rechtwinkliges Dreieck vorzustellen hatte. Die mangelhafte Schülerzeichnung ist durch den Copisten **Aahmes** nur noch schlechter geworden. Dass ein rechtwinkliges Dreieck gemeint sein soll, erkennt man übrigens auch aus dem Umstande, dass in der Figur die Maasszahlen der multiplicirten Seiten bei den Schenkeln des, vom rechten Winkel nur wenig differirenden Winkels angesetzt sind, wo doch, wenn es sich hätte um ein gleichschenkliges Dreieck handeln sollen die Maasszahl der Schenkel in der Figur gewiss bei beiden Schenkeln zu finden wäre. Dieselben Gründe bestimmen uns zu der Annahme, dass die im Papyrus befindliche Flächenberechnung eines Trapezes eine vollkommen richtige ist, indem es sich auch hier nur um ein Trapez handeln kann, dessen zwei parallelen Seiten auf einer der nicht parallelen Seiten senkrecht stehen. Und warum sollten denn die alten Aegypter nicht die richtige Art der Flächenberechnung auch beliebiger Dreiecke gekannt haben?

Konnte man einmal die Fläche eines Rechteckes genau bestimmen, so musste sich durch einfache Anschauung eines, durch eine Diagonale zerlegten Rechteckes, von selbst die Regel zur Flächenbestimmung des rechtwinkligen Dreieckes ergeben; und wurde nun ein beliebiges schiefwinkliges Dreieck durch ein Höhenperpendikel in zwei rechtwinklige zerlegt, so war nichts leichter als die allgemeine Regel zur Bestimmung der Dreieckfläche aus Basis und Höhe (tepro [pg 27] und merit) zu entwickeln. Dass die Gewinnung des Höhenperpendikels sowohl bei

Constructionen als auch auf dem Felde den alten Aegyptern nicht unmöglich war, folgt zunächst aus der grossen Bedeutung der Winkelmaasses (hapt) für alle Operationen der praktischen Geometer Aegyptens. Nicht nur, dass wir in vielen aegyptischen Documenten das Winkelmaass erwähnt finden, sieht man auch Könige abgebildet, das Winkelmaass in der Hand, welches von ihnen vielleicht in derselben Weise durch symbolische Benützung geehrt wurde, wie der Kaiser von China alljährlich einmal den Pflug zu führen pflegt. Ein solches Winkelmaass sieht man übrigens auch auf einem Wandgemälde abgebildet, das eine Schreinerwerkstätte darstellt,[37] und es unterliegt keinem Zweifel, dass dasselbe ebensowohl zur Anlegung rechter Winkel als zum Fällen von Senkrechten benützt worden ist. Aber auch auf freiem Felde musste den Aegyptern die Construction rechter Winkel geläufig sein; sowohl die Pyramiden als auch die aegyptischen Tempel sind vollkommen orientirt, und wurde, wie uns alte Inschriften[38] belehren, die Orientirung in festlicher Weise vom Könige unter Beihilfe der Bibliotheksgöttin **Safech** vollzogen, mit den Worten: »Ich habe gefasst den Holzpflock und den Stiel des Schlägels, ich halte den Strick gemeinschaftlich mit der Göttin **Safech**. Mein Blick folgt dem Gange der Gestirne. Wenn mein Auge an dem Sternbilde des grossen Bären angekommen ist, und erfüllt ist der mir bestimmte Zeitabschnitt der Zahl der Uhr, so stelle ich auf die Eckpunkte Deines Gotteshauses.«

In welchem Maasse bei diesen Operationen die von **Demokritos** so hochgestellten **Harpedonapten** oder Seilspanner betheiligt waren, hat **Cantor**[39] in höchst scharfsinniger Weise zu beleuchten versucht, und es erscheint auch uns wahrscheinlich, dass sich die alten Aegypter beim [pg 28] Construiren rechter Winkel sowie beim Fällen von Senkrechten auf dem Felde, der Thatsache bedienten, dass der eine Winkel in einem, die Seitenlängen drei, vier und fünf besitzenden Dreiecke, ein rechter Winkel sein müsse. Musste ja doch dieser Satz seit unvordenklichen Zeiten auch den Chinesen bekannt sein, da wir ihn in der bei ihnen so berühmten Schrift *Tschiu-pī* finden, welche mehrere Jahrhunderte v. Chr. G. entstanden, auf den Kaiser **Tschīu-Kung** also in das Jahr 1100 v. Chr. G. etwa zurückgeführt wird.[40] Uebrigens konnten directe Messungsversuche an diagonalen Linien in den Proportionalmaassstäben sowohl zu dem erwähnten als auch noch zu anderen rechtwinkligen Dreiecken mit rationalen Seitenlängen geführt haben, und scheint uns die Möglichkeit nicht ausgeschlossen, dass der berühmte und berüchtigte Satz des **Pythagoras** über die Quadrate der Katheten und der Hypothenuse einer eingehenden Untersuchung solcher Proportionalmaassstäbe entsprungen ist.

Wenn wir nun einerseits behaupten, dass die alten Aegypter nicht nur die Fläche des Kreises, des Quadrates, des Rechteckes, des rechtwinkligen sowie des schiefen Dreieckes, und unter Zuhilfenahme der Zerlegungen auch die Flächen beliebiger Polygone theoretisch genau zu bestimmen im Stande waren, mit Ausnahme der auch für uns eine solche bildenden Kreisfläche, so muss doch anderseits zugestanden werden, dass man sich bei praktischen Anwendungen mit Näherungen begnügte, welche im Laufe der Zeiten so ausarteten, dass der Gebrauch falscher Regeln ein allgemeiner wurde.

Am linken Nilufer in der Mitte zwischen **Theben** und **Assuan** liegt **Edfu**, das alte **Appollinopolis Magna** mit einem stattlichen Tempelbau aus den Zeiten der Ptolomäer. [pg 29] Der Tempel, hauptsächlich dem Gotte **Horus** geweiht, ist mit einer freistehenden Umfassungsmauer umgeben,[41] deren Ostseite zwischen dem Brunnenthore und dem östlichen

Pylonflügel eine Inschrift trägt, welche uns auf acht Feldern und in hundertvierundsechzig Columnen[42] eine Schenkungsurkunde des Königs **Ptolomäus XI. Alexander I.** (mit dem Beinamen **Philometor**) bekannt gibt. Das Geschenk, welches hier **Horus** und den übrigen Göttern von **Edfu** verliehen wird, besteht aus einer Anzahl von meist viereckigen Aeckern, deren vier Seitenlängen nebst Flächeninhalten angegeben erscheinen.

Da jeder der vorkommenden Flächeninhalte identisch ist mit dem Producte der arithmetischen Mittel der beiden Gegenseitenpaare, so wurde nach **Lepsius** die Vermuthung aufgestellt, die alten Aegypter hätten, um Vierecke bei der Flächenbestimmung annähernd wie Rechtecke behandeln zu können, den Unterschied der Gegenseiten dadurch auszugleichen gesucht, dass sie die arithmetischen Mittel derselben in Rechnung zogen.

Bei sehr vielen der in der **Edfu**er Schenkungsurkunde vorkommenden Vierecke ist der Unterschied je zweier Gegenseiten entweder Null oder verhältnissmässig so klein, dass man den betreffenden Vierecken eine vom Rechtecke wenig verschiedene Gestalt beilegen kann, und die erhaltenen Resultate somit eine ziemliche Annäherung an den richtigen Flächenwerth darstellen dürften, nach dem man mit Rücksicht auf die bei **Sesostris** bemerkte Eintheilung des Landes in Rechtecke voraussetzen darf, gerade diese oder eine ihr zunächst kommende Form der Felder sei die auch damals schon beliebte gewesen.

Doch kommen auch Vierecke vor, wo der Längenunterschied der Gegenseiten ein bemerkenswerther ist; ja es werden [pg 30] auch Dreiecke als Vierecke mit einer verschwindenden Seite behandelt, so dass der begangene Fehler in manchen Fällen ein nicht unbedeutender ist.

Nur nebenbei bemerken wir, dass man dieselbe unrichtige Flächenformel für das Viereck erhält, wenn man dasselbe zunächst durch eine Diagonale in zwei Dreiecke zerlegt, auf jedes dieser Dreiecke die unrichtige Flächenformel, die den Inhalt als das halbe Product der beiden Seiten liefert, anwendet, die beiden so erhaltenen Dreiecksflächen addirt und dann aus dieser Summe und jener, welche man bei dem ähnlichen Vorgange durch Zerlegung mittelst der zweiten Diagonale erhält, das arithmetische Mittel construirt.

Nimmt man mit **Eisenlohr** und **Cantor** an, dass die Aegypter die Dreiecksfläche wirklich dem halben Producte zweier Seiten gleichsetzten, so steht man vor der Frage, warum nicht in derselben Art die Flächen der in der **Edfuer** Schenkungsurkunde auftretenden Dreiecke bestimmt erscheinen?

Uebrigens wolle man sich darüber nicht wundern, dass es überhaupt möglich war, die Flächenberechnungen im praktischen Leben nach einer so falschen Methode durchzuführen. Wissen wir doch, dass im Alterthume, zur Zeit **Platon**s, einer der gebildetsten Männer, einer der hervorragendsten Geschichtschreiber, dass **Thukydides**[43] in seiner Unkenntniss der Beziehung zwischen Flächeninhalt und Umfang, die Fläche einer Insel nach der zu ihrer Umschiffung nothwendigen Zeit zu bestimmen suchte; in der Geometrie **Gerbert's**,[44] des nachmaligen Papstes **Silvester II.** finden wir, 1000 Jahre nach Chr. G., die Fläche eines gleichschenkligen Dreieckes durch Multiplication des Schenkels mit der halben Basis berechnet, wo doch schon **Hero von** [pg 31] **Alexandrien**[45] 1100 Jahre früher die richtige Formel für diese Berechnung kennt.

Wir berühren diese Thatsachen, und könnten noch eine ganze Reihe ähnlicher Beispiele anführen, nur um zu zeigen, wie übereilt es wäre, aus den oft nur schwache

Annäherungen liefernden Berechnungen der **Edfu**er Schenkungsurkunde schliessen zu wollen, die richtigen Methoden seien den in die Wissenschaften eingeweihten aegyptischen Priestern nicht bekannt gewesen.

Doch zurück zum Papyrus **Rhind**.

Wir übergehen die Inhaltsbestimmungen von Fruchthäusern, bei denen der Inhalt durch Multiplication einer Fläche mit einer Länge bestimmt wird, weil wir es für müssig halten, Erörterungen darüber anzustellen, welche Flächen und Längen hiebei gemeint sind, so lange uns über die Form jener Fruchthäuser oder Speicher nichts bekannt ist.

Dagegen erwecken die im Papyrus vorkommenden Pyramiden-Berechnungen das höchste Interesse, besonders nach den glänzenden Untersuchungen, welchen **Revillout** diesen Gegenstand unterzogen hat, und deren Resultate wir, entgegen der von **Eisenlohr** ausgesprochenen und auch von **Lepsius**[46] acceptirten Ansicht als solche betrachten, welche in einfacher und natürlicher Weise die sogenannte **Seket**-Rechnung der alten Aegypter beleuchten.

Es wird in diesen Rechnungen die Böschung der Seitenflächen einer quadratischen Pyramide dadurch fixirt, dass jener Theil der Länge eines der beiden gleichlangen Schenkel des Winkelmaasses berechnet wird, der sich zur Länge des anderen Schenkels so verhält, wie die halbe Länge der Basisseite der quadratischen Pyramide zur Höhe derselben.

[pg 32]
Zu dem Behufe war der eine der beiden Schenkel des Winkelmaasses in eine gewisse Anzahl gleich grosser Theile getheilt, während der andere Schenkel, der Pyramidenhöhe

entsprechend, und als Einheit betrachtet, ungetheilt blieb.

Um nun den sogenannten **Seket** zu bestimmen, wurde die halbe Länge der Basisseite durch die Pyramidenhöhe dividirt und mit dem erhaltenen Quotienten die Anzahl der Theile des horizontalen, getheilten Schenkels des Winkelmaasses multiplicirt.

Es war somit der Seket (welcher in derselben Art für einen geraden Kreiskegel aus dem Durchmesser der Basis und der Höhe bestimmt erscheint) als Verhältniss aufgefasst, die goniometrische Cotangente des Neigungswinkels der Seitenfläche der Pyramide, respective der Kegelkante zur Basis.

Wenn wir selbstverständlich weit davon entfernt sind, hierin vielleicht Anfänge der Trigonometrie sehen zu wollen, so erkennen wir doch anderseits, dass den alten Aegyptern auch die Lehre proportionaler Linien, wenigstens in ihren Anwendungen, bekannt gewesen sein musste, und erscheint uns auch der am Eingange erwähnte Ausspruch über die dem Milesier **Thales** zugeschriebene Höhenmessung der Pyramiden als ein ganz glaubwürdiger, wenn wir sehen, wie im Papyrus von den drei Werthen: Basis, Höhe, Seket, jeder aus den beiden anderen berechnet erscheint.

Fassen wir nun die Ergebnisse unserer Betrachtungen zusammen, so müssen wir aus der quellenmässig erwiesenen grossen Bewunderung, welche die ausgesprochen geometrisch hochentwickelten Griechen den aegyptischen Geometern rückhaltlos zollten, wir müssen aus der unanfechtbaren Thatsache, dass griechische Geometer den Grund zu ihren Kenntnissen und Entdeckungen in Aegypten suchten und fanden, wir müssen im Hinblicke auf das, aus der nun vollends [pg 33] entzifferten[42] **Edfu**er Schenkungsurkunde sich mit Sicherheit ergebende ausgebreitete und fest organisirte Katasterwesen der alten Aegypter, welches zugleich mit den zahlreichen, dem öffentlichen Leben dienenden Land- und Wasserbauten auf eine verhältnissmässig bedeutend entwickelte Vermessungskunde hinweist, wir müssen endlich aus dem von uns besprochenen Papyrus, der sich als eine ungenaue Abschrift eines mangelhaften, aus dem dritten Jahrtausend vor Chr. G. stammenden, mathematischen Collegien- oder Aufgabenheftes erweist, und aus dessen Vorhandensein sich fast mit Gewissheit auf damals existirende, neben den Regeln auch ihre Ableitungen enthaltende Lehrbücher schliessen lässt, wir können und müssen aus allen diesen Umständen den allgemeinen Schluss ziehen, dass bereits drei Jahrtausende vor unserer Zeitrechnung sowohl die arithmetischen, als auch die geometrischen Kenntnisse der Aegypter, einen für dieses Zeitalter bedeutenden Grad der Entwicklung besassen.

Insbesondere können wir in jenen fernen Zeiten eine staunenswerth weitgehende Annäherung bei der Berechnung der Kreisfläche beobachten, wir finden mit vollständiger Sicherheit richtige Flächenbestimmungen des Quadrates, Rechteckes und des rechtwinkligen Dreieckes; höchst wahrscheinlich auch richtige Bestimmungen der Flächen schiefwinkliger Dreiecke und Vierecke, welche im praktischen Leben durch leichter zu handhabende Annäherungsformeln ersetzt wurden; wir sehen Bestimmungen des Rauminhaltes durch ihre Dimensionen gegebener Körper und erkennen die Anfänge der Aehnlichkeitslehre.

Was das geometrische Zeichnen betrifft, so kennen wir schon die Construction der früher beobachteten regelmässigen Figuren und dürfen weiter vermuthen, dass die Anlegung [pg 34] rechter Winkel und das Fällen von Senkrechten sowohl mittelst des Winkelmaasses als auch mittelst rationaler rechtwinkliger Dreiecke bekannt, und die Zerlegung gegebener Flächen behufs ihrer Inhaltbestimmung in allgemeiner Verwendung war.

Gewiss werden auch theoretische Resultate bekannt gewesen sein; so die Hälftung des Kreises durch seinen Durchmesser, die sich aus der besprochenen Seketrechnung von selbst ergebende Winkelgleichheit an der Basis gleichschenkliger Dreiecke und gleichseitiger quadratischer Pyramiden, und wohl noch manches Andere.

Möge es gelingen, durch Auffindung neuer, sowie durch Entzifferung der, noch ihrer Erklärung harrenden Denkmale und Schriften, von welchen letzteren, Dank der hohen Munificenz des Erlauchten Curators unserer Akademie, auch Wien eine imposante Zahl aufweisen kann, möge es so gelingen noch weitere Anhaltspunkte für die Kenntniss der mathematischen Thätigkeit des uns bekannten ältesten Culturvolkes, der Aegypter zu gewinnen!

Diesen unseren Wunsch theilen gewiss Alle, denen die Erforschung der Culturgeschichte des menschlichen Geschlechtes nicht ohne Wichtigkeit erscheint!

1.

Herodot, *Reisebericht*, II, 109.

2.

Isokrates, *Busiris*, c. 9.

3.

Platonis Phaedrus, ed. Ast. I. p. 246.

4.

Aristoteles, *Metaph. I*, 1.

5.

Diodor, I, 69.

6.

Herodot l. c.

7.

Heronis Alexandr. geom. et stereom. reliquiae, ed. Hultsch. p. 138.

8.

Diodor, I, 81.

9.

Strabon, ed. Meinike, lib. XVII, C. 787, p. 1098.

10.

Eudemi Rhodii Peripatetici fragmenta quae supersunt. ed. L. Spengel. Berlin 1870.

11.

Procl. comment. ed. Rasil. p. 19; *Barocius* p. 37.

12.

Isokrates, *Busiris*, cap. 11.

13.

Strabon, XIV, 1. 16.

<u>14.</u>

PORPHYRIUS, *De vita Pythagorae* cap. 7; DIOGENES LAERTIUS, VIII, 3.

<u>15.</u>

DIODOR, I, c. 96.

<u>16.</u>

PROKLOS, ed. Friedlein, 250, 299, 352, 157.

<u>17.</u>

DIOGENES LAERTIUS, I, 27. PLINIUS, *Hist. nat.* XXXVI, 12, 17.

<u>18.</u>

PLUTARCH, ed. Didot. Vol. 2, III, p. 174.

<u>19.</u>

DIOGENES LAERTIUS I, 24–25.

<u>20.</u>

MONTUCLA, *Hist. d. math.* 2. édit. t. I, p. 49.

<u>21.</u>

BRETSCHNEIDER, *Die Geometrie und die Geometer vor Euklides*, p. 11. Dem Werke Bretschneiders, sowie jenem CANTOR's: *Vorlesungen über Geschichte der Mathematik*, sind die grundlegenden Gedanken entnommen.

<u>22.</u>

CLEMENS ALEXANDRINUS, *Stromata*, ed. Potter, I, 357.

<u>23.</u>

THEON SMYRNAIOS, *lib. de astron.* ed. Martin, p. 272.

<u>24.</u>

PRISSE D'AVENNES, *Hist. de l'art Egypt. d'après les monuments.*

<u>25.</u>

WILKINSON, *Manners and customs of the ancient Egyptians*, III, p. 313.

26.

CICERO, *De finibus bonorum ed malorum* I, 6, 20.

27.

DIOGENES LAERTIUS IX, 47.

28.

CANTOR, *Vorlesungen über Geschichte der Mathematik*, I, p. 144–159 (Leipzig 1880).

29.

EISENLOHR, *Ein math. Handbuch der alten Aegypter.* Leipzig 1877.

30.

BIRCH, in Lepsius' *Zeitschrift für ägypt. Sprache und Alterthum*, 1868, p. 108.

31.

LEPSIUS, *ägypt. Zeitschrift*, 1871, p. 63.

32.

REVILLOUT, EUGÈNE, *Revue Egyptologique*, 1881, Nr. II et III, p. 304.

33.

EISENLOHR, *Ein math. Handbuch der alten Aegypter.* Nr. 64.

34.

ibid. Nr. 79.

35.

ibid. p. 125.

36.

CANTOR, *Vorlesungen aus der Geschichte der Mathematik*, I, p. 49.

37.

WILKINSON, *Manners and customs u. s. w.* III., p. 144.

38.

BRUGSCH, *Ueber Bau und Maasse des Tempels von **Edfu***

(*Zeitschrift für ägypt. Sprache u. Alterth.* Bd. VIII.)

39.

Cantor, *Vorlesungen u. s. w.* I, p. 55.

40.

Éd. Biot, *Journal Asiatique*, Paris 1841, I. Sem. p. 593.

41.

Lepsius, *Ueber eine hieroglyphische Inschrift am Tempel von **Edfu**. Abhandlung d. Acad. d. Wiss. in Berlin*, 1855, p. 69.

42.

Brugsch, *Thesaurus III*, Leipzig 1884.

43.

Thukydides, ed. Rothe, VI. 1.

44.

ed. Olleris, Cap. LXX. p. 460.

45.

Heronis Alexandrini *geometricorum et stereometricorum reliquiae* (ed. Hultsch, Berlin 1864).

46.

Lepsius, *Ueber die 6palmige grosse Elle von 7 kleinen Palmen Länge in dem »math. Handbuche« von Eisenlohr.* (*Zeitschrift f. äg. Sp.* 1884. 1. Heft.)

www.ingramcontent.com/pod-product-compliance
Lightning Source LLC
Chambersburg PA
CBHW022033190326
41519CB00010B/1691